升级版 ③

这就是物理

SOUND 声

米莱童书 著·绘

北京理工大学出版社
BEIJING INSTITUTE OF TECHNOLOGY PRESS

推荐序

　　每个孩子从出生起，就对世界充满了好奇，如果想要了解世界，物理学就不可或缺。物理学是我们认识世界的桥梁，它揭示了事物发生和发展的客观规律，更是许多科学的基础。但是物理的概念繁多，知识点之间的关联性很强，对于刚接触物理的孩子来说，有些复杂难懂。

　　如何将复杂的物理知识，生动有趣地展现给孩子，就显得十分重要了。《这就是物理·升级版》就是专为孩子们打造的物理学科启蒙图书，以趣味漫画的形式将严肃的科学原理与生活中的有趣现象联系起来。比如：声音是怎么产生的？冰箱、电视等电器的电是怎么来的？为什么洒在地上的水过一会儿就不见了？为什么下雨后会有彩虹？为什么汽车车轮胎有花纹是为了增加摩擦，而汽车车轮轴又要加润滑油以减小摩擦……

　　不仅如此，在这里，还有物质、能量、声、光、电、磁、力，这些物理概念化身成一个个活泼可爱的主人公，为我们一点点展现奇妙的物理世界。大到宇宙天体、小到基本粒子，从日常生活到前沿科技，这套书将严肃枯燥的理论，由浅入深、轻松有趣地表达出来，十分适合喜欢物理的孩子阅读。

　　希望这套物理启蒙漫画书能够让孩子们喜欢上物理，并帮助孩子们在知识的海洋中尽情遨游。

中国工程院院士、电子光学和光电子成像专家
周立伟

目 录

嗨！我是声音

有声音了！
有声音了！

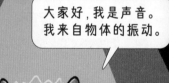

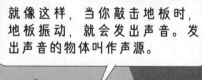

大家好，我是声音。
我来自物体的振动。

就像这样，当你敲击地板时，
地板振动，就会发出声音。发
出声音的物体叫作声源。

我是振动产生的

跟我一起做，摸着自己的喉咙，说"你好"。手指是不是感受到了振动？这是声带在振动。

在桌面上放一些细沙，敲击桌面。桌面发出声音时，细沙在跳动，说明桌面在振动。

拿出一根橡皮筋紧紧地套在盒子上，用手指拨动橡皮筋。它在振动时发出了声音。

用手指按住振动的橡皮筋。振动消失，声音也跟着消失。

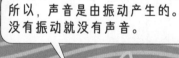

所以，声音是由振动产生的。没有振动就没有声音。

我们为什么能听见声音?

我们可以用手摸到柔软的玩具。用舌头尝出甜甜的味道。

气味飘进鼻子,可以闻到花香。光照进眼睛,可以看见物体是什么样子。

那么,耳朵是怎么听见声音的呢?为什么不论你在校园的哪个角落,都能听到上课铃声?

铃

要迟到了!

为什么我们能听见很远的敲鼓声?

空气里看上去好像什么也没有，但其实空气本身就是由很多微小的粒子组成的。粒子的振动，就形成了声波。

我来告诉你，因为声音是由物体振动产生的。当一个物体振动时，它周围的空气粒子也在振动。

粒子还会带动周围粒子继续振动。声波就会传向四面八方，传进我们的耳朵里。

所以，即便处在声源的不同方向，我们都能听见声音。

声音是一种波

那声波呢，它与水波、绳波是不是一样的呢？

我们来看一下空气中的声波。波峰就是空气粒子数目最密集的区域。

波谷则是粒子数目最稀疏的区域。

声音的传播介质

把正在响铃的闹钟放在玻璃罩内，我们依然可以听到清晰的声音。

铃铃铃

慢慢抽出玻璃罩内的空气，声音变得越来越小。

铃　铃

当玻璃罩内变成真空状态时，声音则完全消失了。

这是因为，玻璃罩内，没有空气粒子振动了。可见，真空不能传播声音。

声音有多快

声音的传播不是立刻完成的，因为波的传递也是需要时间的。比如，雷雨天气，闪电划过的同时，会伴随雷鸣产生。

但是我们看到闪电后，总要过一会儿才能听见雷声。这说明，声音传到耳朵里需要更多时间。

声音传播的快慢用声速表示。

要不要和我赛跑？我在空气中，1秒可以跑340米。

340米/秒

声速的大小跟介质的种类有关。谁传播声音的速度最快呢？

固体　　　液体　　　气体

固体 液体 气体

当声音遇到障碍物

声音在传播过程中，如果遇到障碍物，就会被反射。比如，我们站在空旷的山谷里喊话。

障碍物

声波遇到山谷的岩壁，就会被反射。

因为岩壁距离我们比较远，反射的声音经过较长的时间才能返回。

有人吗？

怎么还不来？

回声

你好，回声。

我们的耳朵就可以很好地把反射回来的声音和原本的声音区分开，这就是我们常说的回声。

声音不仅会被物体反射，还会被物体吸收。例如，海绵就有很好的吸声作用。

我怎么走不出去了？

海绵内部有许多杂乱的孔隙，声音在里面就像走迷宫，钻来钻去，却总也找不到出口，慢慢地声音就被消耗掉了。

声音在传播过程中，遇到表面坚硬、光滑的物体更容易被反射。

我挡。

声音

反射

吸收

遇到柔软、褶皱、多孔的物体则更容易被吸收。

嗝，吃得好饱呀。

声音

吸收

反射

就像录音棚的墙壁会铺上海绵、泡沫等材料，可以吸收外部的噪音，提高录音质量。

冬天大雪过后，周围好像变安静了，这是因为刚下的雪花很蓬松，充满了小气孔，把声音都吸收了。

雪被行人或者汽车压实后，对声音的吸收作用就减少了，我们又能听到喧嚣的声音。

听觉的形成

听觉

毛细胞将振动信号转换成神经电信号,传递给听觉神经。听觉信号再把信号传给大脑,我们就听到了声音。

听神经

耳蜗

耳蜗内充满了液体,声波使液体产生振动,液体里细胞也跟着振动。毛细胞里的小的也跟着振动。

鼓膜后面连接着听小骨,听小骨把振动传递到耳蜗。

声波进入耳朵,经过狭窄柔软的外耳道,传递到的鼓膜,引起鼓膜振动。

鼓膜

耳郭

那么,声波传进耳朵,又会遇到什么呢?我们一起去耳朵里面看看吧。

所以，耳朵可是重要的听觉器官，我们一定要爱护它。平时不要听太大声的音乐，也不要用坚硬的东西掏耳朵哦。

除了耳朵，头骨、颌骨也能将声音的振动传递给听觉神经，引起听觉。这种传导方式叫作骨传导。

像这样，用双手捂住耳朵，自言自语。无论多么小的声音，我们都能听见自己说什么，这就是骨传导作用的结果。

一些失去听觉的人可以利用骨传导来听声音。据说，音乐家贝多芬耳聋后，就是用牙齿咬住木棒的一端，把另一端顶在钢琴上来听琴声的。

声音有大有小

你发现了吗？我们每天都能听到很多声音，它们都是由振动产生的，但是声音却有大有小。

走路时，使劲跺脚比踮起脚声音大。这是为什么呢？

例如，你用力拍手比轻轻拍手的声音大。

啪

其实，我们听到的声音大小，也就是声音的强弱，在物理学上叫作响度。响度是由物体的振幅决定的。

这面鼓可以帮我们直观感受响度的秘密。

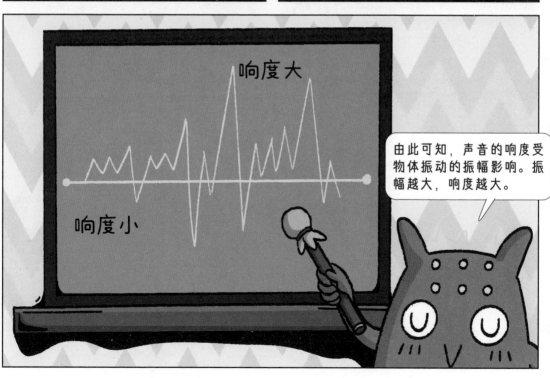

但是对同一个声音，如果我们站在不同位置倾听，听到的声音大小也不同。比如山顶的钟声，你在山脚下听，会觉得很小。

妈妈，好像有声音。

山脚

山顶

是钟声。

你爬到半山腰时，钟声似乎变大了许多。

山腰

等你爬到了山顶，钟声就变得震耳欲聋。可是，钟声的响度明明没有改变，为什么你听到的声音大小却不一样呢？

这是因为我们听到的声音大小，除了与响度有关以外，还跟距离有关。

山顶

山腰

山脚

距离

声音有高有低

声音不仅有响度的大小，还有音调的高低。

我们听到的声音，有的听起来比较低沉，就是音调低，比如撞钟的声音。

音调的高低是由发声体振动的快慢决定的。拿出我们常用的梳子，像这样，用一根小木棒拨动上面的梳齿。

我们发现，梳齿振动得快，发出的音调就高；振动得慢，发出的音调就低。

有的声音听起来很尖锐，就是音调高，比如汽车急刹车的声音。

人们常用频率来描述振动的快慢，频率就是发声体每秒内振动的次数，单位是赫兹（Hz）。100Hz就是物体1秒内振动了100次。

所以，音调高，振动快，则声波波形密集；音调低，振动慢，则声波波形稀疏。

次声波 < | 20Hz   20000Hz | < 超声波

我们能感受的声音频率在20Hz到20000Hz之间，高于20000Hz的声音叫作超声波，低于20Hz的声音叫作次声波。

超声波和次声波都是人类听不到的，但是动物的听觉范围与人不同，它们可以听到很多人类听不到的声音。一些动物对高频声波反应灵敏，如蝙蝠。

哎，你在倒立吗？

好吃的！

蝙蝠在夜间飞行时，能连续不断地发出高频率超声波，如果遇到障碍物或者昆虫，这些超声波就能反射回来。这样，蝙蝠就可以通过回声进行定位，并以此来捕食和躲避障碍物。

而长颈鹿则可以发出低频率的次声波，次声波不易被吸收，即使很远也可以传递信息。

声音的不同音色

不同物体发出的声音，即便音调和响度相同，我们还是能听出区别。比如，我们用同样的力道和速度拨动塑料梳子和木梳子，我们听到的声音是不同的。这又是怎么回事呢？

音叉

钢琴

长笛

这是因为发声体的材料和结构不同，所以它们发出的声音不同，物理学上叫作音色。

敲击音叉的声音清脆，弹钢琴的声音嘹亮恢弘，长笛的声音则更加悠扬。

通过观察声音波形可以知道，即使音调相同，不同乐器发出的波形状依然不同，也就是音色不同。

我们听到的声音往往是多道声波组合在一起的，当发声体主体振动时，会引起其他部位振动，产生多道声波，这些声波组合在一起变成一道"组合波"，这个"组合波"有着它特有的形状，产生的音色也就不同。

悦耳动听的声音，波形总是有规则的。杂乱的声音，波形则很混乱，这是因为发声体在做无规则振动，这时的声音常常就是噪声。

街道上的汽车声、建筑工地的机器声、室内的喧哗声都是噪声。

控制噪声可以从以下方面着手。可以采取措施防止噪声产生，比如，给摩托车装上消声器，从源头控制噪声。

或者在人耳处减弱噪声，如工厂的工作人员可以佩戴防噪声耳罩保护耳朵。

还可以在马路边缘建设隔声屏障，阻断噪声的传播。

声音可以传递信息

声音都有什么作用呢？声音里包含了信息，不信你听。

别玩游戏了！跟我去买菜。

好吧。

放心，这瓜保熟。

传递信息就是声音的一个重要作用。通过听拍西瓜的声音，可以判断西瓜是不是熟了。

听到雷声，我们知道很快就要下雨了。

听到敲门声，知道门外有人。

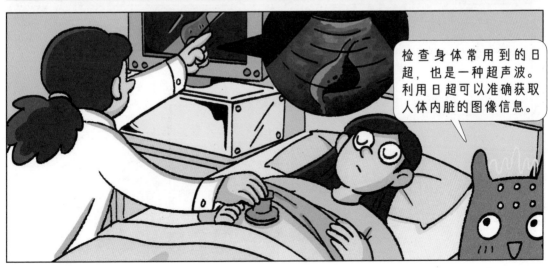

声音可以传递能量

声音还能传递能量，比如，超声波常用来清洗物体。把眼镜放在清洗液里，超声波穿过液体引起激烈的振动，就可以把污垢敲下来，而且不会损坏眼镜。

我爱洗澡，皮肤好好。

医生利用超声波振动清洁牙齿；超声波还能除去人体内的结石。

啊！

超声波加湿器可以用超声波把水破碎成小雾滴。

利用超声波还能切软软的蛋糕，而且切出来的蛋糕边缘光滑平整，也不会粘在刀片上。

次声波也可以传递能量，用它制造的武器可以穿透厚厚的坦克，对人体造成伤害。

我是声音，这下你知道我有多厉害了吧。人们的生活离不开我，等你长大了，可以更深入地研究我呀。

现在，把眼睛闭上，用耳朵静静聆听这个世界吧。

角色卡

- **·姓 名** 声
- **·年 龄** 比宇宙的年纪小一点儿

- **·装 备** 介质

  声的传播需要介质，介质可以是固体、液体和气体。

- **·普通技能** 传向四面八方

- **·特殊技能** 形成美妙的音乐

- **·天 赋** 具有响度、音调和音色三种属性

  声的响度由物体的振动幅度决定；声的音调由物体的振动快慢决定；声的音色由物体本身的材质、形状、结构等因素决定。

- **·武 学** 发射超声波和次声波

- **·关联物品** 各种乐器、超声刀、次声波武器

- **·行动范围** 非真空环境

38

创作团队

◣ 米莱童书
点亮孩子的未来

米莱童书

米莱童书是由国内多位资深童书编辑、插画家组成的原创童书研发平台。旗下作品曾获得 2019 年度"中国好书"，2019、2020 年度"桂冠童书"等荣誉；创作内容多次入选"原动力"中国原创动漫出版扶持计划。作为中国新闻出版业科技与标准重点实验室（跨领域综合方向）授牌的中国青少年科普内容研发与推广基地，米莱童书一贯致力于对传统童书进行内容与形式的升级迭代，开发一流原创童书作品，适应当代中国家庭更高的阅读与学习需求。

策 划 人： 刘润东　魏　诺

统筹编辑： 秦晓英

原创编辑： 窦文菲　秦晓英　张婉月

漫画绘制： Studio Yufo

专业审稿： 北京市赵登禹学校物理教师　张雪娣

装帧设计： 刘雅宁　张立佳　辛　洋　刘浩男　马司雯　朱梦笔

图书在版编目（CIP）数据

这就是物理：升级版：全10册 / 米莱童书著、绘
. -- 北京：北京理工大学出版社，2023.6（2024.12重印）
ISBN 978-7-5763-2374-0

Ⅰ.①这⋯ Ⅱ.①米⋯ Ⅲ.①物理学－青少年读物
Ⅳ.①O4-49

中国国家版本馆CIP数据核字(2023)第082201号

出版发行 / 北京理工大学出版社有限责任公司
社　　　址 / 北京市丰台区四合庄路 6 号
邮　　　编 / 100070
电　　　话 / （010）82563891（童书售后服务热线）
经　　　销 / 全国各地新华书店
印　　　刷 / 朗翔印刷（天津）有限公司
开　　　本 / 710毫米×1000毫米　1 / 16
印　　　张 / 25
字　　　数 / 600千字
版　　　次 / 2023年6月第1版　2024年12月第12次印刷
定　　　价 / 200.00元（全10册）

责任编辑 / 封　雪
文案编辑 / 封　雪
责任校对 / 刘亚男
责任印制 / 王美丽